Ernst von Feuchtersleben

© 2013 Lulu. Alle Rechte vorbehalten.
ISBN 978-1-291-52111-5

[181] III. Blätter aus dem Tagebuche eines Einsamen.

> Verlor 'ne Blätter der Sibylle
> Gefunden in dem Weltgewühl,
> Geordnet in verborgner Stille, —
> Nicht für's beschauliche Gefühl,
> Nein, um für's tätig-strenge Leben
> Bewusstsein, Kraft und Ernst zu geben!

[183] Theodors Lehrbrief.

Fais ce que dois – advienne ce que pourra

Jeder Augenblick ist ein entscheidender; dein Wandel eine stete Prüfung; unsichtbare Wächter haben ihr Auge fest auf Dich gerichtet. Dem Jüngling frommte eine ideale Form, um sie allmählich auszufüllen; dem Manne offenbart sich die Idee selbst, — er zerschlägt die alte Form, um eine neue zu bauen, die sein eigen ist. Ihm ist das Leben Aufgabe, die nur gelöst wird, wenn man sich als Teil eines Ganzen erfasst. Mit Liebe versenke Dich in die Gegenstände, und den Charakter setze gegen sie ein. Dein Unwille nähre Dir die Kraft des Wirkens, dein elegischer Zug lindre den

Schmerz der Resignation. Gefühl des Genius geleite Dich mit Frohsinn und Genügen auf der Wanderung! Die Stille im Innern helfe mit Beharren, ja mit Behagen, den Moment ausfüllen, und das Vorliegende ruhig wegarbeiten. Was durch- und aus-gedacht wird, wird zum Besitz, zum Wesen des Denkenden, und so verwandelt er mutvoll die Welt in sich. Weniger kommt auf den Verstand an, als auf seine Bereitheit, — Gegenwart des Geistes. Den Zirkel des Denkens wiederholt die Menschheit und der Einzelne immer wieder, weil Betätigung des Geistes Zweck ist; uns aber ist von allen Zwecken nur der sittliche *bekannt*. Die rechte Höhe ist: sich mit Ab-[184]sicht auf einem gewissen Standpunkte zu begrenzen. Damit der Mensch gestärkt werde, muss ihm jede Krücke genommen, der Boden unter den Füßen weggezogen und er somit rein auf sich selbst reduziert werden. Dir ist so geschehen, und nun halte dich in Dir selber fest, gehe hinaus — zu wirken und zu leiden, und bitte Gott, wie jener Wanderer: Um große Gedanken und ein reines Herz!

„Heiliges Licht, das einen Teil seines Wesens in uns schleudert, — bis auf die Breite des Nagels hast Du uns unsere Bahn vorgezeichnet! Du, großes Auge! überschaust alle ihre Krümmungen, und die geheime Träne des einsamen Wanderers trocknet dein geheimnisvoller Strahl."

[185] *Wissen.*

Wir glauben etwas zu begreifen, wenn wir uns gewöhnt haben, dem Unbegreiflichen gewisse Denkformen zu substituieren.

Es gibt keine alte und moderne Literatur, sondern nur eine ewige und eine vergängliche.

Das Unwiederbringliche des antiken Zustandes liegt in dem glücklichen Zusammentreffen äußerer Naturgemäßheit mit innerer Ausbildung, — welches, da der primitive Stand nicht wiederkehrt, kein zweites Mal zu hoffen ist. Freiheit mit Gesetz; Naivität mit Verstand; Kraft mit Feinheit; Realismus mit Idealität.

Ein nützlicher Kunstgriff: Die *Probleme* irgendeines Wissens bei geistreichen Schriftstellern zu suchen, *die nicht vom Fache sind*; z. B. naturwissenschaftliche bei Dichtern u. dgl. Die vom Fache bleiben gerne bei dem stehen, was überliefert wird; der Dilettant gewinnt der Sache neue Seiten ab. So fand ich in Kants kleinen Schriften (die, im Vorbeigehen gesagt, unschätzbar sind) Winke, die für den Arzt das größte Interesse haben.

[186]   Vereinzelung der Gegenstände, — Vereinigung der Kräfte! — so wird die Behandlung der Wissenschaft fruchtbar.

„Gedankenmüde" im guten Sinne. Man weiß, was Ein aphoristischer Gedanke, wenn er ein echtes Resultat ist, enthält und voraussetzt, — und nun setzen sie sich hin und beginnen gleich eine ganze „Geschichte" oder „Philosophie" oder „Psychologie" oder dgl. Ein ernster Leser möchte bei jedem Satze, den der Verfasser leichtsinnig hinwirft, stehen bleiben und ausrasten.

Wenn man die Sache genau besieht, so findet man, dass alle Philosophen seit Kant sich dadurch charakterisieren, und nur dadurch einen Schein von Größe erlangten, dass sie die Logik verließen. In dem Begriffe der Kategorien, als dem Maße des Verstandes, das in der Logik gegeben ist, liegt die Handhabe des Kritizismus. Dieser Begriff nun schien unsern Epigonen zu menschlich; sie gingen über ihn hinaus, suchten ihn zu konstruieren, reduzieren, aufzulösen, reflektieren, u. dgl. m., — ohne zu bemerken, dass sie dabei entweder schwärmten, oder, ohne es zu wollen und zu bekennen, wieder, nur mit andern Formen, dieselbe *Denkfunktion* anwandten. Das Maß des

Verstandes kann nur durch sich selbst gemessen werden; drüber hinaus ist — etwas Anderes als Verstand. Beurteilen kann nur die Urteilskraft, — überlogisch ist unlogisch, übermenschlich ist nicht menschlich. Es steht jedem frei, Intuitionen, [187] Dogmen, Gefühle, was er will, für das Höchste zu erklären, — nur erkläre er dann sich nicht für einen Philosophen! Er ist *hors de la loi*. Wir dürfen ihn nicht beurteilen, aber Er darf auch uns nicht und nichts beurteilen.

Kants Philosophie war eine *Arbeit* des Geistes, die Philosophien der Spätern sind geistige *Schwelgereien*. Dort galt es Zwecke, hier Spiele des Denkens.

Ich kann, was ich eben andeutete, von einer andern Seite her anschaulicher entwickeln. Die Philosophen fehlen darin, dass sie Alles *erklären* wollen. Sie setzen voraus, dass diese Forderung an sie gemacht werde; allein, wer sagt das? Sie breiten die Intelligenz über alles aus, sie stellen ein Prinzip für Alles auf. Nun fordern aber die Dinge ganz andere Behandlungsweisen. Der vorsichtige Mann untersucht allerdings, wie Aristoteles und Kant, den Intellekt, und geht darin so weit, als er kann; aber er vergisst am Schlusse nicht, dass er eben nur den Intellekt untersucht hat, und erkennt wie Herbart, das *Gegebene* an. Nun sind aber Objekte, und Vermögen sie aufzufassen, für einander gegeben, und ich lobe mir den Vernünftigen, der, statt ein Prokrustesbett für das All aufzuschlagen, die Prinzipien der Bestrebungen wohl zu scheiden, und diese dadurch zu fördern weiß. Das Naturphänomen ist Gegenstand der Sinne, sein Gesetz: Gegenstand des Verstandes, die Deduktion dieses Gesetzes [188] aufwärts bis zum höchsten: Gegenstand der Vernunft; das Schöne: Gegenstand des Geschmackes, usw. usw. Einheit! Einheit! In *Gott* ist Einheit, — für uns Menschen *in singulis et minimis salus mundi*! Jedes Objekt werde auf seine Weise aufgefasst, und keine Weise mit der andern *vermischt*! Das Kunstprodukt ist erklärt, wenn es hervorgebracht und empfunden wird; das Naturphänomen, wenn es in seiner Verkettung mit den übrigen angeschaut, das Sittliche, wenn es geübt, das Religiöse, wenn es geglaubt, und nur der Begriff, wenn er, im strengsten Sinne des Wortes, erklärt wird.

Von allem Menschlichen ist nichts gewiss, als die logische Form; der Begriff *Gewissheit* selbst ist ein logischer Begriff.

Es gibt aber Verhältnisse des Menschen zu den Dingen, die eben *so unmittelbar* sind, als die Gewissheit; z. B. Erfahrung, Glaube usw.

Das nutzlose Spekulieren scheint doch, weil es da ist, zu *etwas* da zu sein; wohl zur Beschäftigung des Denkvermögens. Und doch ist diese Supposition, dass alles zu etwas da sein müsse, schon eine solche Spekulation. Das Beste bleibt: Leben und denken in dem Sinne, den wir nun einmal, nach der Art wie wir gemacht sind, für unsern Zweck halten *müssen*, — „Und das Übrige Gott überlassen!"

[189] Das Verneinen ist ein Akt des Bewusstseins; das Bewusstsein ein Akt der Trennung vom allgemeinen Dasein. Nichts ist nicht; wir erfinden Worte, um zu bezeichnen, was wir mit diesen Worten erst unsern Gedanken beizumischen im Stande sind. Das böse Prinzip, die sichtbare Finsternis Miltons, der Gegensatz, der Widerspruch die Statuierung des Unsinnes, sind dem Halbdunkel des tellurischen Zustandes gemäß, der nur durch Polarität bestehen kann. Hier ist Licht und Finsternis in *gleichem* Verhältnisse; hier beruht selbst die Deutlichkeit — wie Hamann sagte — auf diesem Verhältnisse; wird es lichter werden?

Ganz licht? Vor dem Bewusstsein war auch Einheit; das Bewusstwerden eröffnet einen Kampf, dessen Ausgang das tausendjährige Reich sein wird. Denn, wie der Naturforscher nicht ohne Hylozoismus, so kann der Philosoph nicht ohne Chiliasmus bestehen.

Das literarische Unheil rührt daher, dass man Bücher schreiben zu dürfen glaubt, weil man Verstand, Ausdruck und Belesenheit hat. Das gibt einen guten Leser. Man muss sich sagen können, ehe man die Feder ergreift: dass man in irgend einer Kunst oder Wissenschaft völlig zu Hause sei, — dass man was *gelernt* habe, womit man vor die Menschen hintreten darf.

Kant und Goethe! Das sind die Pharusse unserer Bildung. Sehe jeder zu, wo es ihm gebricht: Ob an Aus-[190]bildung des Subjektes, ob an Aufgeschlossenheit für die Objekte, — und wende sich, nach diesem Bedürfnisse, dort oder hierhin!

Alles menschliche Wissen teilt sich dichotomisch: In das vom Werden und vom Sein. Jenes könnte man, im weitesten Sinne: Geschichte, dieses Physik nennen. Dorthin fällt die Sphäre des

Geistes, hierher die der Natur; dorthin das Subjekt, hierher der Gegenstand.

Wir verwechseln oft unvermerkt den Schriftsteller mit seinem Gegenstande. Mancher mittelmäßige Neuplatoniker ist den Ältern, mancher nicht bessere Naturphilosoph den Neuern groß erschienen, weil er große Dinge verhandelte.

Wenn man die Geschichte der menschlichen Kultur überdenkt, so findet man das merkwürdige Problem: Dass bei den Urvölkern, im Zustande der Unzivilisation, religiöse und philosophische Mythen und Anschauungsweisen im Schwunge waren, — während jetzt, bei allgemeiner Zivilisation, diese hochgeistigen Bedürfnisse nicht mehr im Volke existieren; auch bei den jetzigen, minder kultivierten Völkern nicht.

Praktisch ist dasjenige wahr, was dich fördert; theoretisch das, wobei du dich beruhigst; aber beides muss *aus dir selbst* entsprungen oder doch entwickelt sein.

[191] Eine ungebildete Zeit beging den Fehler, an den Werken der Literatur ein allzu materielles Interesse zu nehmen; es gebrach der Begriff der Kunst.

Unsere überbildete hat sich vor dem entgegengesetzten zu hüten: Vor lauter Einsicht in die Behandlung den Gehalt eines Werkes ganz zu übersehen.

Was steht denn eigentlich im Buche? Diese Frage hör ich fast nie; mir scheint aber, sie sollte die erste sein; dann erst: Wie steht es darinnen?

Das *noscitur ex socio* ist gar sehr zu beschränken. Wie oft wählt man sich denn die *socios* selber? und wie geht man um mit ihnen? Hielt man in jenen Zeiten die Könige für Narren, als sie sich Narren hielten?

Der Gebildete kennt in jedem Momente sein inneres Bedürfnis, und wo es zu befriedigen ist.

Es verrät Schwäche, bei kleinen Anlässen große Hebel in Bewegung zu setzen. Es gibt eine Ökonomie des Geistes; was er um Pfennige haben kann, dafür soll er nicht Taler wegwerfen.

Die Jugend sollte ehrfurchtsvoll für das Alter, und dies billig für die Jugend sein.

[192]   Wenn ein Autor sagt: Dies oder jenes sei die Sache des Genies oder Auserwählter, so meint er sich dabei.

Von sich berauscht sein, ist ein kleines; mit sich zufrieden sein, das Größte.

Wir werden nie zu einem unbedingten Zustande gelangen; aber sollen wir uns deshalb selbst noch mehr bedingen?

Dass Gründe wenig, Stimmungen alles vermögen, sieht man daraus, dass die Nichtigkeit des Lebens der gleiche Grundgedanke aller Heitern wie aller Traurigen ist.

Wie die Keuschheit und Konvenienz über gewisse Dinge Stillschweigen gebieten, so soll man auch im Leben wie in Büchern mit dem Zartesten und Unantastbaren nicht frech und roh verfahren, nicht immer mit ehrwürdigen Worten herumwerfen, deren eigentlichen Sinn ohnehin von Tausenden Einer versteht.

Herder hätte in den „Ideen" mehr noch aufgeschlossen, wenn er weniger anthropomorphisiert hätte. Er lässt sich stets herab, will stets erbauen, und wird durch populäre Darstellung schwerer verständlich, als er durch wissenschaftliche geworden wäre.

[193] Das Lesen in fremden Sprachen hat schon das Gute, dass man sich der tauben Wörter entwöhnt, und genötigt ist, bei jedem Worte, das man nicht versteht, das keinen Körper hat, still zu halten. Im Deutschen ist man schon selig, wenn's nur summt „wie Glockenklang".

Das Wesen edler Kürze in der Schreibart ist: Fülle des Gehaltes, nicht: Abgestumpfte Sätze.

Wer eine Sache in ein treffendes Gleichnis bringen kann, hat sie verstanden.

Die Bildersprache ist eigentlicher, als die der Begriffe. Jene sucht den Gegenstand darzustellen wie er ist, diese legt ihm Fesseln an.

Alle Wissenschaft ist ein Spiel mit Auseinander- und Zusammensetzen.

Die Volkssprichwörter enthalten die ganze und rechte Philosophie. Sie haben den großen Vorzug vor Systemen, dass sie den Geist anregen, statt ihn zu binden.

Übung schafft wirklich neue Organe. Durch anhaltende Beschäftigung mit einem Gegenstande wird man sein Herr, ohne Erklärung.

[194] Das Halbwahre ist verderblicher als das Falsche.

Die Wahrscheinlichkeit einer Handlung (z. B. im Drama), beruht nicht darauf, dass sie nicht unerhört ist, sondern darauf, dass sie mit der menschlichen und mit irgendeiner individuellen Natur übereinstimmt.

Ist „Sollen" nicht auch ein „Müssen?" nur ein „Erkanntes?" Hier begegnen sich Kant und Spinoza.

Der Deutsche ist eigentlich der geborne Mystiker, Er macht alles zum geistigen Gold, durch den philosophischen Merkur.

Das Licht der Freude schimmert am glühendsten über der Folie des Schmerzes. Das gibt der Ilias ihren höchsten Glanz, dass Achill bewunderns- und beweinenswert zugleich ist. Ein solcher Strahl bricht aus Goethes Pandora, macht die Tragödie zur höchsten Dichtungsform, und verleiht den flüchtigen Lustmomenten dieses wandelvollen Lebens Bedeutung und Anschein von Würde.

Was die Ausbildung junger Talente am öftesten retardiert? Zwei Dinge: Autorität ohne Verständnis und allgemeine Sätze.

Nichtachtung der Autorität zeigt einen sittlichen Defekt an, Überschätzung derselben — Mangel an Reife.

[195] Sage niemand: Dies ist ein Buch nach meinem Herzen? Ganz wie ich gesprochen hätte! Man soll nicht lesen, um nur in seiner lieben Persönlichkeit bestätigt zu werden; die Lektüre soll fördern, begrenzen, erweitern, aufklären, berichtigen.

Die Forderung, dass Dichter die Welt bessern sollen, zeigt von wenig Einsicht in die Dichtkunst, und noch weniger in die Welt.

Einen gewissen Grad allgemeiner Kultur teilt uns heutzutage der Umgang ohne eigene Bemühung mit: Es bleibt uns also nur übrig, uns in *einer* Sache zu was Rechtem zu bilden.

„Das Studium der Geschichte einer Wissenschaft ist das Studium dieser Wissenschaft selbst."

Je tiefer man in ein lebendig Ganzes, sei es nun Mensch, Kunstwerk oder Buch, einzugehen das Glück hat, desto tiefer fühlt man die Unzulänglichkeit des Redens. Die Worte geben nicht den Sinn, sie umgeben ihn nur.

Es kommt weniger darauf an, *was* als *wie* man weiß.

Je gründlicher man in ein Wissen eindringt, desto mehr individualisiert man. Halbwisser freuen sich an Klassen und Systemen; vor Gott besteht alles in seiner Eigentümlichkeit.

[196] Die neuen deutschen Schriftsteller haben von ihren Vorfahren die Miene des Tiefsinnes abgesehen; ja der Schein ist hier, wie meistens, sogar noch imposanter als die Wahrheit Diese scheint sich zu den Nachbarvölkern geflüchtet, und dort dem Leichtsinne die freundliche Maske abgeborgt zu haben, womit man im Verkehre der Menschen gefällt und wirkt.

Man besitzt nur den Gedanken, den man ausgesprochen, nur die Wahrheit, die man erkämpft hat.

Es ist in aller Wissenschaft überhaupt gar nicht nötig, zu reformieren, und einmal vorhandene Schemata und Typen wieder zu verbannen. *Jedem Ausdrucke liegt ein richtig gefühltes Bedürfnis zu Grunde; man muss nur gehörig zu deuten, zu unterscheiden, anzuwenden, und zu vereinen verstehen* („Ich behaupte, dass Schein: der Wahrheit Wirkung ist." Herm. trismegist.)

Der Kreis des menschlichen Denkens ist durchgemacht, und Jeder, der ihn betritt, macht ihn von Neuem durch, und muss ihn durchmachen — weil es ein Kreis ist. Die Systeme und Konfessionen aller Geister sind Millionen Formeln für Eine Gleichung.

[197] *Kunst.*

Nachahmung ist gänzliche Aufopferung des Geistes an die Natur, Knechtschaft. Manier ist Aufopferung der Natur zu Gunsten des Individuums, Willkür. Stil ist Harmonie zwischen Geist und Natur, freie Gesetzlichkeit.

Wer zöge nicht eine wohlorganisierte Maus einem dreibeinigen Elefanten vor? Und wenn es zehnmal einer von den weißen, göttlichen wäre, die man in Indien anbetet.

Eine Hauptmaxime für Solche, die etwas bewirken wollen, sei: Die Kraft zu sparen, zu konzentrieren. Wer sich rechts und links am Wege abmüht, kommt nicht ans Ziel, das der Beharrliche in einem Anlauf stürmt. Dieselbe Menge Pulvers, die einen Felsblock sprengt, würde, wenn sie, statt zu Einem Impulse, allmählich daran verbraucht würde, wirkungslos verpuffen.

Das physisch Unmögliche ist eigentlich das wahre Gebiet der Kunst. Sie legitimiert ihre göttliche Abstammung dadurch, dass sie, wie in den Gott-Tiergestalten der Alten, in vielen Arabesken der Neuen, frei von den Banden physischer Notwendigkeit, nach Gesetzen eigener Schönheit waltet.

[198] Es ist ein Unterschied: Theorien, die man studiert hat, bei der Produktion in Anwendung bringen, aus genialem Geiste Werke *schaffen*, aus denen Theorien abstrahiert werden, und das erkannte Gesetz in davon durchdrungenen Schöpfungen verkörpern. Das Erste ist bei den meisten Neuen der Fall, das Zweite bei den Alten, das Dritte bei Cornelius.

Ein gutes Bild muss nicht aussehen, als ob es gemacht, sondern als ob es entstanden wäre. So geht auch die echte Kunstkritik vom *Begriffe* eines Organismus aus, und betrachtet die Produkte der Kunst wie die der Natur.

Dem Kunstlehrling muss man zurufen: Produziere! Und wenn's Brotkügelchen wären! Sieh' zu, dass sie schön rund sind! Nur nicht viel grübeln, immer machen!

Die Meisten wollen nicht anfangen, um nicht zu fehlen. Wer aber etwas nie verfehlt hat, hat es nie gelernt.

Wenn du was Rechtes *schaffen* willst, musst du dir vorstellen, dir werde gelingen, was keinem gelang.

Man sieht es der Bildersprache der Orientalen an, dass sie keine bildende Kunst haben. Wie formlos, unanwendbar, innerlich ist alles; bei den Griechen dagegen wie bestimmt, gestaltet, palpabel!

[199] Die Gegenstände an und für sich sind gleichgültig. Es kommt darauf an, wie sie sich zur Natur und Geisteskraft des Künstlers verhalten.

In der Kunst wie im Leben beginnen wir empirisch mit Nachahmen, bilden uns allmählich eine Manier (im guten Sinne), und gelangen endlich, wenn uns die Götter wohlwollen, zum Stile.

Jedes Kunstwerk enthält das Gesetz in sich, dessen lebendiger Ausdruck es ist. Dieses Gesetz zu finden und in Worte zu bringen, ist die Aufgabe der echten Kunstkritik.

Winkelmann hat die Morphologie geahnt, als er den Entschluss fasste, sich im Herbst des Lebens an die Naturgeschichte zu machen. Wie der Glaube dem Menschen den Willen der Gottheit, so offenbart ihm die Kunst den Willen der Natur.

Wie man nicht immer nachahmen muss, so muss man auch nicht gleich anfangs eigentümlich sein wollen; man bildet sich so lange an einem Muster fort, bis man sich sittlich selbst entwickelt und Gestalt bekommt. Wo aber die Eigenheit sich nicht ins Erfreuliche entfalten will, ist es besser einem guten Beispiele als einem schlechten Drange fortwährend zu folgen.

[200] Mit den Elementen der Naturgeschichte muss man die Kinder bekannt machen; mit dem Schönen (Kunst) die jungen Leute; mit dem abstrakt Wahren (Philosophie) mögen die reifen Männer fertig zu werden suchen; und über Geschichte hätten allenfalls Greise ein Wort zu reden.

Der eigentliche Genuss an Kunstwerken und Büchern liegt in der Empfindung, einen größern Geist fassen zu lernen, in der fühlbaren Erweiterung der Seele. Was wir nicht verstehen, oder was wir so völlig verstehen, dass wir es selbst hervorbringen könnten, verschafft uns diesen Genuss nicht.

Die ungeheure Verwirrung in der Bildung unserer Zeit beruht darauf, dass fast in Allem das Mittel Zweck geworden ist. So ist es mit der Archäologie, mit manchen Zweigen der Medizin, der Politik, mit der Ästhetik, wie mit dem Geldbesitz u. a. Dingen.

Die verhüllte Symmetrie, die der Kunstfreund an der malerischen Komposition rühmt, ziert auch die geschriebene. Wenn das Fachwerk und die Gliederung eines Buches merkbar und doch nicht pedantisch ausgesprochen ist, so entsteht im Leser ein angenehmes Gefühl besiegter Schwierigkeit, anmutigen Ernstes.

Poetische Werke müssen, wie Gemälde, einen bestimmten *Ton* haben. So ist über Ossians Gedichte, Scotts [201] letzten Minstrel usw. die Farbe der Erinnerung ausgegossen.

Wenn man die Sprache der antiken Schriftsteller gegen die unsre hält, z. B. Aristoteles gegen Kant, Thukydides gegen Müller, so erscheinen wir uns als gelehrte und tiefsinnige Barbaren.

Immer neue Gebilde sollen an uns vorübergaukeln, uns überraschen, uns die Zeit töten helfen! Das ist unsere Teilnahme an Kunst und

Literatur. Wie viel größern Genuss aber gewährt es, sich auch nur mit Einer großen Natur und Bildung allseitig bekannt zu machen.

Man muss bei Gedichten, wie bei Kunstwerken, warm, klar und stark werden, nicht aufgeregt, verwirrt, weinerlich.

Alle produktive Tätigkeit ist heutzutage in Gefahr, bei Fühlenden in Elegien, bei Denkenden in Epigrammen sich aufzulösen. Möchten Beide bedenken, dass ein großes, folgerechtes Schaffen zu jeder Zeit den besten Trost gewähre! —

Verpönte Nachahmung! Was ist denn *nicht* Nachahmung? Beruht denn nicht alle Erziehung, alle Bildung auf Nachahmung?

Die Wirkung ist die *Probe* eines Kunstwerkes, aber nie dessen *Zweck*.

[202] Die Kunst war im Anbeginne hieroglyphisch, dann symbolisch. Der Künstler spricht zu uns durch Zeichen, und strebt, dem Stoffe das Übersinnliche einzuprägen.

Eine verkehrte Theorie Vieler ist es, alle Kunst allegorisch zu nehmen, und sich statt des Adjektivs, welches das Symbol ist, ein Substantiv unter jedem Gebilde der Kunst zu denken; z. B. statt des Schönen die Schönheit, statt eines Guten die Tugend usf. Die Allegorie (z. B. in den Autos des Calderon) ist das Widerspiel des Symbols; jene enthüllt dieses verhüllt; jene vereinzelt und beschränkt, dieses verallgemeinert und deutet aufs Unendliche; jene ist willkürlich, dieses gegeben; jene anthropomorphisiert, dieses enthält Vieles in Einem. Die Mythen der Alten waren symbolisch, — die Neuern haben sie allegorisch gemacht.

Die Aufgabe jeder Kunst liegt in ihrem Mittel, und kann nicht weiter reichen als dieses. Der Zweck der Kunst besteht in der Lösung der Aufgabe; ob sie damit noch einen andern erfülle, der über diesen hinausreicht, geht sie, als solche, nichts an.

Das Wesen des Wissens ist Analysis, der Kunst — Synthesis. Den Zwiespalt zwischen Innerem und Äußerem kann und will die Wissenschaft nicht lösen; sie, die ihn eigentlich geboren hat. Aber die Kunst versöhnt, indem sie Wirklichkeit und Ideal in *einem* lebendigen Ganzen darstellt, in welchem sich beide harmonisch durchdringen, so, dass [203] es an ihm kein Innen und

Außen, keinen Gedanken ohne Körper, und keinen Leib ohne Seele mehr gibt.

Der Künstler, wenn sein Werk lebendig wirken soll, beherrscht den Stoff, und wird von ihm beherrscht. Fehlt das erste, so entsteht keine Form; fehlt das zweite, so bleibt das Leben aus. Es ist jenes mystische Schweben zwischen Begeisterung und Besonnenheit, Bewusstsein und Nicht-Bewusstsein.

Auch der bildende Künstler verrät durch sein Werk die Bildungsstufe seines Geistes. Liegt dem Werke ein Erlebtes (nicht ein Faktum, sondern etwas Gefühltes) zu Grunde, so weiß man, wie diesem Künstler die Welt erscheint, — also, wo er steht. Liegt nichts zu Grunde, hat man vor seinem Bilde die Empfindung, als sähe man in ein Loch, so erscheint sie ihm gar nicht, — er ist ungebildet.

Ursache und Wirkung der Kunst geht über alle Begriffe.

[204] *Leben.*

Was ist Glück? Übereinstimmung eines Charakters mit stillem Schicksale. So kann es von der Natur gegeben, vom Geiste geschaffen werden.

Der Aberglaube wird (und soll vielleicht!) nie ganz beseitigt, — er soll nur von den Menschen nicht zur Beschönigung ihrer Fehler benützt werden.

Es gibt einen Standpunkt, auf welchem das Leben nur durch den Begriff der *Pflicht* noch ein Interesse einzuflößen vermag. Möchten Jene, deren unsre Zeit so Viele erzieht, diesen Standpunkt erfassen, für welche das Leben, weil sie es nur vom Begriffe des *Genusses* aus kannten, kein Interesse mehr hat!

So sprechen die Meisten nur von ihrem *Glück* oder *Unglück* in der Ehe; eben als ob die Ehe bloß zum Genusse, zur Bequemlichkeit für sie da wäre. Die Ehe ist eine Lebensaufgabe, wie jede andere, — ein Zustand, dem man gewachsen sein muss. *Dann* ist sie auch ein Glück, wie die Tugend. Der Mann muss nicht bloß fordern, er muss auch verdienen.

[205] Was man „schmeichelhaft" nennt, ist für den Sittlichen meist eine Demütigung; denn es gibt ihm im Stillen das Gefühl, dass das Gegenteil von dem, womit man ihm schmeichelt, in ihm sei; z. B. es schmeichelt Dir, dass man Dir dies oder jenes zutraut: Man sollte es Dir also eigentlich nicht zutrauen?

Welche Welt, in der alles Schöne weinen, und alles Große zürnen muss!

Jeder wird vom Großen und Erstaunlichen hingerissen; das Echte, das in der stillen, bescheidenen Erscheinung sich verbirgt, erkennt nur, wer das Große in sich selber trägt.

Gleich ist man beschwichtigt, ja getröstet, wenn man *Ähnliches* auszuspüren im Stande ist.

Zweierlei bedenke: Was Du zu sein glaubst, können auch andre sein; und: was andre leisten, wirst auch Du zuwege bringen können.

Das Herz der meisten Epouseurs ist eine Wünschelrute; es schlägt nur, wo Goldadern sind.

Alles kann sich der Mensch geben, alles lernen. — Nur Zartgefühl nicht.

[206] Die Zeit offenbart, was der Einsichtsvolle vorausgeseh'n; was der Menschenfreund wünscht und anstrebt, bewirkt die Zeit allmählich von selbst; den Trost, welchen die Vernunft im Unglücke dem Weisen verleiht, bringt die Zeit auch dem *Toren*; — und so sind Vernunft und Zeit Werkzeuge Einer Hand, zu Einem Zwecke.

Ein Wort aus dem Munde des Volkes, welches sich im Leben bewährt: Wo etwas ist, da sammelt sich etwas. Dem Reichen fließt Geld zu, dem Fröhlichen begegnet Frohes, dem Schwarzsehenden Unglück, dem Abenteurer Seltsames, der Wissende erfährt das Verborgene, der Sammler findet das Merkwürdige. Heißt das nicht in höherer Instanz: Dass Charakter und Schicksal unter eine höhere Einheit fallen?

Es sind drei Bildungswege, die man am besten verbindet: Selbstdenken, Gespräch, Lektüre. Der erste führt auch allein zum Ziele; die andern nicht ohne den ersten.

Wenn die Übung: Da wo es hell ist, auch Schatten, und wo Schatten ist, Licht zu suchen — Sophistik ist, so wird, wer nie ein Sophist gewesen ist, auch wohl nie ein großer Philosoph werden.

Die Frauen, mehr der Anschauungen und Gefühle, als der Begriffe gewohnt, haben mehr von Natur und Poesie, [207] als von Wissenschaft in sich, und dringen so vielleicht inniger in das Wesen der Dinge, als wir mit der letztern, da alles Denken doch nur die Form angeht. Wir müssen vielmehr versuchen sie zu verstehen, als sie zu beurteilen. Tut der Anatom gar so vornehm gegen das Lebendige, das er zergliedert, und dessen Leben unter seinem Messer doch entflieht?

Was ist dieses Leben, wenn ihm unsere Teilnahme keinen Wert verleiht? Was gewährt es dem Geiste, als das Bewusstsein, dass es nichtig ist? Betrachten wir uns lieber als Gäste, von der Liebe geladen, wo es sich denn nicht ziemen will, Haushalt und Gefäße zu mustern, oder auf die Uhr zu sehen, sondern das Gegönnte dankbar zu genießen.

Nicht um der Meinungen, sondern um der Neigungen willen lieben und hassen sich die Menschen; nicht durch Meinungen, sondern durch Neigungen lenkt man sie. Erzieht uns doch auch Natur durch unsere Neigungen! Wirkt doch die Gottheit selbst in uns nicht durch unsern Wahn, sondern durch die Liebe!

„Im *Geheimnisse* der Tugend liegt ihre Kraft."

Das Fürchterlichste für Gute ist: Wenn Schlechte sich mit ihnen zu einer Sache (aus andern Absichten) verbinden.

[208] Ob es Ahnungen gibt? — Es gibt wohl Menschen, die sich bei den Worten, mit denen sie sich und andere belügen, nichts denken — aber keine Worte, bei denen nicht ursprünglich etwas gedacht worden wäre, keinen Gedanken, dem nicht etwas ursprünglich Erfahrenes zu Grunde läge.

„Aus unsern Begriffen — sagt ein fühlender Denker — entspringen unsere Wünsche." — Wahr! Allein man kann sehr wahr, und, wenn ich nicht irre, tiefer sagen: Aus unsern Wünschen entspringen unsere Begriffe. Denn die Neigung ist das Ursprüngliche im Menschen! Der Verstand kommt hinzu, und schmeichelt oder gebietet ihr.

Söhne, denen in früher Kindheit der Vater starb, und nur die Mutter blieb, sind meist weicher, umgänglicher, feiner, heiterer; solche, die der Vater nach dem Tode der Mutter erzog, derber, abgeschlossener, ungeschickter, nachdenklicher;

solche, welche mit Schwestern aufgewachsen sind, praktischer, als welche allein blieben. Wenn man irgendwen vollständig beurteilen will, muss man seine Familie kennen; eines ihrer Mitglieder erklärt das andere.

Der Firnis der feinen Erziehung überzieht und versteckt nur erst die Knorren und Lücken unsers Wesens; an den rauheren Knorren der Erfahrung, der Erziehung durch's Leben, gleichen sie sich wirklich aus. Diese gibt uns wahre Bildung, jene nur den Schein der Bildung.

[209] Große Taten sind oft zweideutig. Sie müssen aus einem großen Dasein lebendig herauswachsen, um die rechte Bedeutung zu haben. Die Frucht muss dem Baum angehören, auf dem sie hängt; was man nur *hat* oder *tut*, und nicht ist, — oder was man sich abzwingt, oder anlügt, wird tot geboren.

Die Blüten des lebendigen Gespräches, die Früchte des Lebens selbst, schmücken und nähren ein Buch ganz anders als die Leichensteine der Gelehrsamkeit.

Man merke wohl, dass das wahre Lustspiel dazu da sei, wahre Lust in uns zu erschaffen:

Uns von den Fesseln der konventionellen und der in uns selbst waltenden Tyrannei zu erlösen, und in einen vollkommenen Zustand zu versetzen. Hiermit halte man die vorhandenen Lustspiele zusammen.

Etwas Lustigeres ist kaum denkbar als die makkaronische Poesie. Hier schafft sich der Spaß ein eigenes Organ, mit welchem er, zwischen Norm und Willkür, herrlich waltet.

Aus den Stellen, die jemand in Büchern anstreicht, kann man auf sein Bedürfnis oder auf sein Steckenpferd schließen.

[210] Poesie ist da, wo die Sprache Symbol wird, wo die Geister des Lebens sich in Worte verkörpern.

Das Beste, und wenn man es auch aussprechen könnte, ist man verdrossen aufzuschreiben. Es hängt so innig zusammen, und am Ende braucht's doch das Leben zum Kommentar. Das Leben aber bedarf des Geschriebenen nicht.

Wenn Jemand Lügen vorbringt, wobei Zahlen vorkommen, so wählt er gewöhnlich ungleiche, als: 5, 15, 3, 1 usw.; in der Meinung, man halte diese für wahrscheinlicher.

Die Welt ist kein Friedhof, wohl aber Gottes Acker.

Was man für ein Amt in der Welt bekleide, man muss die Amtsmiene so gut studieren und ausüben, als die Amtspflicht.

Gelte doch im Gesellschaftlichen, was im Sittlichen gilt, — dass man von andern nicht fordre, worüber man nicht erst sich selbst redlich geprüft hat.

Das Leben ist eine Geburt des Willens und der Nötigung. Zufall und Privatführung sind hohle Worte.

[211] Das beste Mittel sich von Menschenfurcht zu befreien, ist: Menschenkenntnis. Wer die Motive kennt, welche die Welt bewegen, wird sich eher Mühe geben müssen, das Gefühl der Verachtung zu unterdrücken.

Wer sich nicht oft gern täuscht, der hat die rechte Weisheit noch nicht.

Es kommt die Zeit, wo man den verborgenen Seher sucht und frägt, — und käme sie nimmer, wer wäre glücklicher als er? —

Freundschaft, Liebe, Achtung — sind nur ganz allgemeine Ausdrücke. Man hat im Grunde zu jedem Menschen ein eigenes Verhältnis, welches man mit einem Worte nicht spezifizieren kann.

Die Menschen wollen nicht, dass man ihnen helfe, sondern dass man ihren Willen tue.

Der also hätte die Palme verdient, der sie zu fördern wüsste, indem er ihren Wünschen schmeichelt. Der echte Dichter?

Das Hauptproblem der höheren Pädagogik ist: Kann Kraft geschaffen, gebildet, gesteigert, bestimmt werden? Und wie?

[212] Der Diamant dünkt dem Getaste kalt; er ist aber der feurigste *Stoff*.

„Es gibt eine zweifache Unruhe: Die eine hackt wie Prometheus Geier ewig am blutenden Herzen; die andere zieht ewig aufwärts wie Zeus Adler den Ganymed."

Der Wahn und die Träume des menschlichen Geschlechtes sind unbewusste Zeugen seiner Erhabenheit. In diesem mystischen Zuge nach unten und nach oben liest der Denker die Hieroglyphe von der Tiefe und Höhe der menschlichen Natur.

Schon Plato nannte den Eigensinn den Begleiter der Einsamkeit.

„Ich kann nicht" ist in sittlichen Dingen ein nichtig Wort. Man soll eben können lernen.

Bücher sind Brillen, durch welche wir die Welt betrachten; bald trübend, bald verschärfend, bald verzerrend, immer nötiger, je schwächer die Augen werden, nie dem gesunden, freien Blicke gleich kommend.

Die Höflichkeit der modernen Welt beruht wie die Tugend selbst, auf der Beschränkung des Einzelnen gegen das Ganze. Ihr Gesetz ist Aufmerksamkeit auf das Behagen Anderer, mit Aufopferung des eigenen. Es bedarf [213] nur einigen Nachsinnens, um die tiefe Wichtigkeit einer solchen Konvention für uns einzusehen; einer Konvention, die uns die Tugend ersetzen, — oder zu ihr leiten soll. Das Rittertum des Mittelalters gibt Anlass zu ähnlichen Betrachtungen.

Wo die Natur am innigsten wirken will, da zieht sie sich ins Verborgene zurück. Den Samen entrückt sie dem Lichte, das Weizenkorn begräbt sie in die Erde, dass es dort keime; den Leib des Menschen erneut sie im nächtlichen Schlafe, und aus der Tiefe seines Geistes schafft sie geistiges Leben.

Sei stets aufmerksam auf Dich, ohne Hypochondrie, — aufmerksam auf Andere, ohne Misstrauen, — Anderer eingedenk im Unglücke deines Bewusstseins, mächtig im Glücke.

Ohne alle Täuschung nichts Menschliches. Unserem Zustande ist das Zwielicht gemäß. Wollen wir allen Schein abtun, so mögen wir nur lieber gleich aufhören zu reden, zu konversieren und zu schreiben.

Man lernt von Außen nach Innen, von Innen nach Außen bildet man sich.

Vernunft hat Jeder, und wie Wenige sind vernünftig!

[214]   Wer als Jüngling nicht wärmte, wie soll er leuchten als Mann?

Frauen gewinnt ein entschiedenes Betragen. Da ihre Natur passiv ist, so muss man ihnen nichts zu entscheiden, zu zweifeln, zu tun übrig lassen.

Die Phantasie blüht herrlich, aber sie trägt bittere Früchte. Blütenlos wächst die Erkenntnis, ihre Früchte aber sind nahrhaft.

Je mehr man in sich erlebt hat, desto mehr Teil nimmt man an Andern, und weniger an sich selbst.

„Öffentliche Meinung!" Machen uns doch die Meinungen der Einzelnen genug zu schaffen, — und nun erst eine, die aus Allen zusammengesetzt ist! —

Wie soll man aber den Instinkt nennen, kraft dessen doch wirklich das Echte allmählich anerkannt und das Schlechte verworfen oder vergessen wird? — Es bleibt eine merkwürdige Erscheinung.

Der Umgang mit Menschen ist wahrer Umgang. Man geht ewig um einander herum, ohne sich näher zu kommen.

Es gibt keine Frage ohne Antwort, wie es keine Liebe ohne Gegenliebe gibt.

[215] Wer sich verschließen gelernt hat, dem tut es doppelt wohl, wenn er sich ausschließen darf.

Dass die Irrenden den Irrtum mit mehr Leidenschaft lieben, als die Einsichtigen das Wahre, liegt in der Natur der Sache. Denn der Irrtum ist ein Kind des Menschen, von ihm wird er erzeugt, und als Kind gehegt. Die Wahrheit dagegen fordert, dass der Mensch sich unterordne; und ist außerdem Ruhe, und nicht Leidenschaft.

Wie man nur immer im Weltlauf die Menschen durch „gut" und „bös" unterscheiden mag! Schlecht sind Wenige, und noch Wenigere gut! Gar nichts sind die Meisten.

Übereinstimmung und Billigung ist zweierlei. Habe ich einen folgerichtigen Menschen in seinem Zusammenhange begriffen, so muss ich in ihm auch Dasjenige, was mir widerstrebt, als zu seinem Ganzen gehörig, billigen. Jeder kann mit und neben den andern sein eigenes Wesen ausbilden, aussprechen und wiederholen.

Aberglaube und Unglaube: Keines rühme sich eines Vorzugs! Beide sind außerhalb des Bezirkes der Vernunft.

Lieben und Verstehen sind zwei Formen Einer Sache. Das Verstehen ist das wahre Lieben, und nur die Liebe [216] versteht innig. Diese Einheit muss man verstehen und lieben lernen.

Glücklich, wem das Leben zum Gedichte ward, — aber ein Jammer ist es, wenn das Gedicht das Leben suppliren will.

So viele Klagen der Verliebten wurzeln in dem ganz gemeinen Irrtume: Als müsste unsere Langweiligkeit für die liebenswürdigen Schönen eben so viel Reiz haben, als ihre Anmut für uns.

Die Medisance der Gesellschaft hat den unschätzbarsten Nutzen für unser Selbsterkennen. Es ist merkwürdig, welchen feinen Takt das Misswollen für Fehler hat; es verleumdet nie ganz ohne Grund.

Wer von Jemand, den ich bisher hasste, günstig spricht, dem danke ich aus tiefster Seele:

Er nährt in mir die Duldung, das göttlichste Gefühl.

Jemanden keinen Dank schulden wollen, ist gegen edlere Menschen die roheste Art des Undanks.

Man sollte nur den Umgang solcher Menschen suchen, denen gegenüber man sich zusammennehmen muss.

[217] Nicht das Verdienst, sondern das Streben bedingt Freundschaft. Jünglinge, die denselben Gott im Busen tragen, sollten einander nicht verhehlen, wo es ihnen gebricht, sondern sich gegenseitig mit eben so viel Liebe als Strenge fördern.

Wenn wir mit berühmten Menschen zusammenkommen, imponiert uns ihre Erscheinung leicht. Ist sie unbedeutend, so gefällt uns das Bescheidene, und im Gegensatz, — ist sie auffallend, das Ungewöhnliche.

Ist es gedeihlich für irgendwen, ist es edel, zu seinem Umgange bloß Schmeichler zu wählen? Ebenso ist's mit der Lektüre von Büchern, die uns gefallen, die uns keine wehtuende Wahrheit sagen.

Wer unter Toren schweigt, lässt Vernunft, wer unter Vernünftigen schweigt, Torheit vermuten.

„Tugend", sagt Schiller, „ist nichts anderes als Neigung zur Pflicht."

„Tugend", sagen Kant und Goethe, „ist nichts anderes als Sieg der Pflicht über die Neigung."

„Tugend", sagt Jean Paul, „ist nicht kalte Pflicht, sondern Liebe, welche, wie über dem höchsten Gebirge noch der Adler, hoch über jener schwebt."

Wie? Wissen die Besten nicht klar, was Tugend ist? Oder sagen sie vielleicht dasselbe, indem sie sich zu wider-[218]sprechen scheinen? Mich dünkt das Letztere. Alle Entwicklung ist ein Ringen, ein Kampf; da muss der Begriff der Pflicht die Neigung überwinden; während der Übung bildet sich die stille Neigung zur Pflicht; und auf der Höhe der Bildung wird Sollen und Wollen, als Liebe, zur beseligenden Harmonie.

Das oft zu hörende Wort „Ich bin im Reinen mit mir; ich habe abgeschlossen; ich bin fertig", u. dgl. kann vernünftigerweise nichts anders bedeuten, als: Ich kenne nun meine Schwäche, und weiß, wie ich sie zu heben, — kenne meine Sphäre, und weiß, was ich zu tun habe. In diesem Sinne ist jenes Wort ehrwürdig, in jedem andern lächerlich.

Jedem endlichen Geiste ist sein Gesetz eingepflanzt, nach welchem er sich zu der ihm gemäßen Form entwickelt. Keinem kann man eine solche Regel diktieren, man kann nur jedem die Nahrung geben, deren er zum Wachstume,— das Licht, dessen er bedarf, um die Richtung nach oben zu finden.

Was an den Athenern so groß war? Dass sie den Aristophanes neben dem Sokrates gelten ließen.

Menschen, welche die Seichtigkeit des Erkennens durch die Fertigkeit des Redens verstecken, — sie fühlen die Bedeutung der Worte nicht, die sie aussprechen, und verschwenden sie deshalb. Sie imponieren manchmal auch dem [219] Tieferen, der einen solchen Leichtsinn nicht voraussetzt, und gewohnt bei jedem Ausdrucke etwas zu denken oder zu fühlen, sich jede Wendung ins Klare und Verstandene aufzulösen, ihrem Redestrom nicht folgen, nicht begreifen kann, wie man so viel Wichtiges in solcher Schnelligkeit abtun könne. — Es gibt eine ganze Poesie solcher Art, die besonders jetzt in Deutschland gehandhabt wird; der hat gleichsam das Idiom alles Großen und Bedeutenden weg, und braust in einem gewaltigen Strome einher, der keine Quelle und keine Mündung hat. Still und echt Denkende verstehen mich hierin ganz gut.

Der Grundirrtum der Bessern ist: Dass sie zuviel, dass sie alles wollen. Es gilt aber, das Eine zu opfern, wenn man das Andere erringen will, es gilt mit sich abzuschließen, und sich für oder wider zu erklären. Und das ist der höhere Sinn des Zunftwesens der Parteilichkeit.

„Das Licht ist für alle Augen; aber nicht alle Augen sind für das Licht."

Das Ganze jedes Menschen ist ein Knäuel; man muss ihn nicht zerreißen, sondern die Fäden auseinander suchen, die oft wundersam verwebt, doch endlich Einheit und Zusammenhang offenbaren. Je öfter man das versucht, desto geübter wird man darin, je geübter man ist, desto billiger urteilt man über die Menschen.

[220] Verneinen sollte man Niemanden, — man muss Jeden zu erklären suchen.

In Neigungen der Freunde mische man sich nicht, nur in ihr Streben.

Wer stets das nächste Ziel vor Augen hält, erreicht allgemach das entfernteste; wer mit vollen Segeln auf dieses zusteuert, wird kaum an jenes gelangen.

Unsere Zeit, rasch und weitaussehend, verschmäht die Übergänge; die Übergangspunkte aber sind die Lebenspunkte.

„Eigenlob stinkt!"; ein Sprichwort, das in manchem Sinne zu begrenzen ist. Abgesehen davon, — was schon ein Besserer gesagt hat — dass fremder Tadel auch nicht gut riecht, — kann sich die Bildung und der Wert, das Selbstbewusstsein verbergen? Und weiß irgendwer, was ein tüchtiger Mensch vermag und leistet, so zu begreifen, wie dieser selbst? Nein, nein! Das Anch'io des Corregio verdient Ehrfurcht, und wenn Einer, was immer, recht kann und versteht, so mag er's nur immer mit freudigem Behagen bekennen, wie es die Helden Homers getan; mag immer sich seines Wertes vor den Seinen freuen, und sagen: „Das haben mir die Götter gegönnt, — das hab' ich aus mir gemacht!" Hinter jeder Selbsterniedrigung verbirgt sich etwas, — selten etwas Gutes. — Echte Bescheidenheit ist: Zu wissen und nicht zu be-[221]ginnen, was man nicht vermag, und zu schweigen, wo Toren prahlen.

Die Feinheit des Betragens, der gute Ton, ist nie genug zu schätzen, weil darin die Form des wahrhaft Guten und Schönen gegeben ist, die, wenn sie auch nur äußerlich nachgeahmt wird, doch nicht ermangelt, allmählich die Lust am Wesen selbst zu erzeugen. Wie die Ehre, so ist auch die Sitte unserer Zeit ein Hebel, der die Tugend mindestens suppliert. Der Anstand besteht, wie die Tugend, in Selbstbeherrschung und bessert, indem er darin übt. Er bildet, indem man bald bemerken muss, dass es kein besseres Mittel gibt, gebildet zu scheinen, als — es zu sein.

Liebe als Pflicht zu fordern, bleibt lächerlich, und alle Neigung ist Geschenk. Bist Du ihrer unwert, — was kannst Du dagegen sagen? Findest Du die Geliebte unwürdig, was kann Dir an ihr liegen? Und, abgesehen von Wert oder Unwert, was die Natur mit leiser, aber allmächtiger Hand zu einander neigt, — willst Du's trennen? Das beste Mittel, Dir Liebe zu sichern und zu bewahren, ist: So liebenswürdig zu sein, dass es schändlich wäre, sich von Dir abzuwenden.

Eben weil Treue die schönste Eigenschaft eines liebenden Herzens, ein echtes Wunder, ist, kann sie nie zur Pflicht gemacht werden, und eben weil sie nicht Pflicht ist, ist sie da, wo sie in ihrer Herrlichkeit erscheint, so verehrungswürdig.

[222] Es gibt eine Treue der Leidenschaft, von welcher ich eben geredet habe, die nicht Pflicht, sondern freiwillige Gabe ist; eine Treue, welche im Festhalten solcher Verhältnisse besteht, die auf innerem Verständnisse beruhen, die also auch nicht Pflicht, sondern eine Tochter der Einsicht, eine Eigenschaft tüchtiger Charaktere ist; endlich eine Treue, die im gesellschaftlichen Verbande, dem heiligsten Zwecke der Menschheit, wurzelt, und allerdings Pflicht ist, und sein muss.

Ich glaubte stets, und glaube noch, dass durch gehöriges Unterscheiden den Begriffen sicherer ihr Recht widerfahre, als durch Vereinen des Unvereinbaren.

Selbst die Bessern, ja die Gebildetsten, begehen den Fehler bei Beurteilung von Geisteswerken: Das Erstaunliche dem Wahren vorzuziehen. Einsicht und Scharfblick verleiten uns, vom Schriftsteller zu fordern, dass er uns in Verwunderung setze,— nicht dass er uns etwas aufschließe. Jenes bezieht sich auf sein Talent, dieses auf unsere Fördernis. Das Gelungene imponiert, — das Wahre ist eben, was es ist, und verlangt eine kindliche Auffassung. Es will geliebt und verstanden sein, und wendet sich unmutig von dem selbstgefälligen Verstande, der sich selbst den Genuss verdirbt, indem er ihn untersucht.

Als der Wilhelm Meister geschrieben wurde, da war es nötig und zweckmäßig, den jungen Mann, der nach [223] Ausbildung strebte, von den Angelegenheiten des Gefühles und der Phantasie zu denen des praktischen Verstandes zu rufen, der einseitigen Richtung nach Innen die nach Außen zu substituieren. Nun wird, wie mich dünkt, das Gegenteil Bedürfnis; die Interessen des Tages, der Welt, des Äußern, drohen alles innere Leben zu verschlingen. Die ganze Welt scheint zu einem Paris zu werden, zu einem *gouffre, qui engloutit tout.*

Es ist ein wahres Wort, „dass der Prophet bei den Seinen nicht gelte". Aber das sollte niemanden eitel, kleinmütig oder gleichgültig machen, — vielmehr Jeden bewegen, bei den Seinen so zu wirken und zu leben, dass sie ihn zu schätzen, zu achten, sich genötigt sehen.

Je tiefer und reicher eine Natur, desto wunderlicher oft ihre Entfaltung. Sie geht manchmal periodenweise mit scheinbaren Rückfällen, manchmal turbulent und plötzlich vor sich, und es muss dabei Vieles vorkommen, was dem ruhigen Zuschauer dunkel erscheint, und was vorsichtig abgewartet werden muss.

„Nur *die* Sache ist verloren, die man aufgibt."

Der echte Weise unterscheidet sich vom gewöhnlichen Menschen nur dadurch, dass er seine Torheit einsieht, und verbirgt.

[224] Die Wenigsten irren aus Mangel im Denken; Viele aus falscher Richtung; die Meisten aus Übertreibung; denn die Wahrheit liegt eigentlich viel näher, und ist viel einfacher als der Irrtum.

Linné hätte über die erste Ordnung seines zoologischen Systems setzen sollen: „*Homo, bimanus, sero sapiens.*"

Dass Etwas im Menschen ist, das über ihn selbst *hinaus*-tendiert, sei es in Bedürfen, Sehnsucht, Hoffnung, Glauben, Wirken oder Denken, — das ist das Abzeichen seiner Göttlichkeit, — das sei ihm die Bürgschaft des Ewigen!

Bedenke: Dir in jedem Momente der Gegenwart eine Vergangenheit zu gründen; in Lernen, Handeln und Genießen. Denn nur die Erinnerung ist Besitz, die Gegenwart verrauscht, während sie ist, — und die Zukunft ist nie.

Heinrichs Freund tut Recht, dass er den Begriff der Autorität hochhält. Was wäre dem sich Bildenden förderlicher als ein großes Vorbild? Er mag aber nur beherzigen: Dass man sich an demselben *aus*bilden, — nicht aber in dasselbe *hinein*bilden müsse.

Unserer Zeit fehlen zwei Dinge, — vielleicht die besten:

[225] 1. Männer, welche *selbst* denken und schaffen. Uns charakterisiert die Halbheit; wir sind Immermanns Epigonen; wir dünken uns Ritter, weil wir mit Harnischen spielen. Und:

2. Wir wissen nicht zu *verehren*; der Begriff der Größe ist uns rein verloren gegangen, und zur poetischen Fabel geworden.

Nicht die Erregung des Gefühls, nur der ruhige Mut des Verstandes geht siegreich aus den beständigen Schlachten dieses Lebens hervor.

Dass die Jugend Trauerspiele, das reifere Alter Lustspiele vorzieht, schreibt Kant der Lebenskraft der erstern zu, die sich, nach schmerzlichen Eindrücken, schnell restauriert und doppelt erquickt fühlt, während das letztere den Eindruck nicht so schnell verwinden kann. Mir scheint der Grund darin zu liegen: Dass die Jugend den Ernst des Lebens noch nicht *erfahren* hat, sich also die tragischen Ereignisse, aus der Ferne, nur in dem Nimbus der Poesie vorstellt,— während der reife Mensch weiß, „dass der Tod — wie Schiller sagte — doch so ästhetisch nicht ist!"

Nichts verschlechtert den menschlichen Charakter so tief, als Frömmelei: Weil sie eine Lüge eben des Heiligsten ist.

Wie Rezidive stets schwerer als die erste Erkrankung zu heilen sind, so ist ein Frömmler, der, nach einem Inter-[226]valle von Halbvernunft, in eine verfeinerte Bigotterie verfällt, für immer verloren.

Alexander hielt, damit er sich nicht überschlafe, eine Kugel in der Hand. Das Leben bietet Dir in jedem Augenblicke eine solche; jeder Augenblick ist eine Prüfung, unser Dasein ein Lehrlingspfad, und stets Selbstbewusstsein die Hauptaufgabe, die alle übrigen in sich schließt.

Glaubt Ihr mir, — desto besser für Euch! — verwerft Ihr mich, — so habt Ihr den Schaden davon!

Besonders gern lese ich Manuskripte; sie erscheinen mir wie ein an mich geschriebener Brief; die Persönlichkeit des Verfassers tritt hervor, welche der Druck ins Allgemeine verwischt. — Dagegen muss ich meine eigenen Worte gedruckt vor mir seh'n, um ihnen ein vis-à-vis abzugewinnen.

Man sagt: *noscitur ex socio*. Gut! Wende das auf *Dich* an; frage Dich, *wen* Du, in jeder einzelnen Epoche Deines Lebens, suchtest; wem Du Dich anschließest; — vielleicht werden Dir so Deine Epochen verständlich.

Nimmst Du an einem trefflichen Menschen eine Übertreibung, eine Einseitigkeit wahr, so vermute, dass der Grund davon in irgend einer geheimen Opposition und Po-[227]lemik liegt, welchen man durch die Geschichte des Individuums erfahren müsste. So war es bei Rousseau, Jakobi, Börne, — auch bei Lessing und Goethe manchmal.

Man braucht kein Skeptiker und Sophist zu sein, um einzusehen, dass die Dinge überhaupt verschiedene Seiten darbieten, sie aufzufassen. Je mehr man denkt und lebt, desto öfter wiederholen sich die Belege zu dieser Überzeugung, so, dass man sich endlich kaum mehr entschließt, etwas Allgemeines mit Bestimmtheit auszusprechen, — sondern Alles, was man sagt, verklausuliert und mannigfach bedingt. Hierin scheint mir auch Eine von den Ursachen zu liegen, welche Goethes Stil in seinem höhern Alter so vag, bedenklich und umgehend machten, wie man es ihm mit Recht vorwarf.

Zu der Behutsamkeit, welche dem Ehrlichen die *Sache* diktiert, von der er sprechen soll, kommt noch die einschüchternde Kenntnis der *Welt*, zu der er davon sprechen soll, — und so kommt es, dass man sich endlich scheut, irgendetwas öffentlich auszusprechen.

Streiten aber mag ich und kann ich schon gar nicht; am wenigsten, wo ichs besser weiß. Da knüpft sich Eins ans Andre so innig in unendlicher Verkettung, dass ich nie fertig würde; und ich finde, dass mein Gegner, wenn er nur folgerichtig ist, eigentlich auch das Wahre sagt, — nur [228] anders. Das ist immer meine Antwort, wenn Julius mich zu Kontroversen gegen Andre nötigen will.

Ehen, welche die Konvenienz einleitet, sind verderblich; die, welche die Leidenschaft schließt, unglücklich. Gut! was gibt denn nun eine gute Ehe? Das rechte Verhältnis der Beiden, die sie eingehen. Hier ist nichts Bestimmteres zu sagen.

Feine Bildung — sagte neulich Helene — ist gleich erfreulich wie naive Geradheit. Unerträglich sind nur jene Zwitterkreise, wo man ohne Bildung vornehm, und ohne Wahrheit natürlich sein will. Wo Jeder wahr sein darf, da wird er auch, nach seiner Weise, anmutig sein. Man schreibt den höhern Zirkeln Steifheit, den niedern Rohheit zu. Keineswegs! Beides sind nur jene mittlern!

Wie Manche affektieren Blasiertheit, als ob ihnen nichts mehr Staunen, Vergnügen oder Schmerz abgewinnen könnte! — Und ich, wenn ich mich ehrlich erforsche, affektiere das Gegenteil: Interesse an Dingen, die mir längst keines mehr einflößen! Affektieren? Nein, ich trete mir zu nahe! Ich *nötige* mich zu einem Interesse; ich lüge es nicht.

Nicht die Schlechtigkeit der Meisten bringt den Guten zur Verzweiflung, sondern die Schwäche der Bessern. Sie sehen Einer im Schicksale des Andern das eigne, — und tut doch keiner einen Schritt! Keiner wagt es, sich [229] laut zu bekennen, und das Verkannte zu vertreten. Ich darf das wohl in mein Tagebuch schreiben; denn ich habe getan, was ich fordre; und, wenn meine Freunde, wie sie vorhaben, unsre Ansichten veröffentlichen, so werden auch sie das Märtyrertum derer erfahren, die es wagen, sich dem Tag zu widersetzen. Molière hat es gekannt, als er seinen Alcest zeichnete.

Menschen, wie Völkern, begegnet immer wieder dasselbe, — nur in andern Formen, — in weitern, kombinierteren.

Es gibt zwei Stufen der Bildung. Auf der ersten steht der, welcher anfängt, in allem Ernste über sich selbst zu denken. Dadurch, dass man sich zum Gegenstande wird, wird man mündig, — das geistige *Dasein* beginnt.

Ohne diese Stufe zu betreten, kann man nie zur zweiten gelangen, und wer sie betritt, sondert sich sofort schon aus dem Niveau der Welt heraus; denn, so nahe die Selbstbetrachtung zu liegen scheint, so glaubt mir, dass nur sehr Wenige — selbst von Dichtern und Gelehrten — wahrhaft dazu gelangen! Auf der zweiten Stufe steht der, welcher beginnt, das Denken über sich in ein Wirken auf sich zu verwandeln, — der sich beherrscht, betätigt, und etwas hervorbringt. Hier wird das geistige *Dasein* zum Leben; es bildet sich der *Charakter*, — und auf dem Charakter beruht der menschliche Wert. Was frommt es, meinen Kreis bemessen zu haben, wenn ich ihn nicht ausfülle? [230] Meinen Fehler zu kennen, wenn ich ihn nicht bessere? Auf der ersten Stufe bleiben meist selbst die Berufenen stehn, — denn auserwählt sind die Wenigsten!

Es gibt gewisse Gattungs-Abstraktionen, — allgemeine, symbolische Schemata; — wenn man diese weg hat, wozu freilich Organ und Übung nötig sind, so kann man über das meiste Spezielle im Vorhinein urteilen, weil sich dieses immer unter jene Begriffe ordnet. Ebenso gibt es lebendige Durchkreuzungspunkte, in welchen sich alle Radien des Wissens und Strebens begegnen; wenn man sie kennt, zieht man Linien von einem zum andern, und orientiert sich. Beide, jene Gattungstypen und diese Lebenspunkte, liefern einen Behelf, das Leben *anticipando* zu begreifen und ihm gewachsen zu werden. Diese Dinge — ich fühl's — sind schwer deutlich zu machen; — aber der Suchende, dem etwas Ähnliches vorschwebt, versteht mich wohl.

Eine einseitige Richtung, wenn sie von Innen, nicht durch Umstände, bedingt wird, deutet auf eine Anlage. Diese muss man verstehen, entfalten, leiten, — nicht unterdrücken. Man muss dem Strebenden nicht andre Zwecke hinschieben, sondern ihm behilflich sein, den seinen zu erreichen; was hilft ihm der Weg, den Er nicht gehn kann? Ist doch keiner ausschließlich, und jeder der rechte! Oft auch sucht Jemand etwas dort, wo es nicht zu finden ist, — [231] und man verkennt darüber, *was* er sucht. Wahrlich! Es ist schwerer zu raten, als zu tun!

Warum wir so selten finden, was wir erwartet haben? Die Erwartungen sind *imaginär*, und richten sich nach der Individualität dessen, der sie sich bildet. Die Gegenstände sind *wirklich*, und verlangen, dass sich der Begriff nach ihnen umbilde. Alles Wirkliche lebt ein eigenes Leben, und wir müssen von unserm etwas opfern, um es zu fassen. Die Imagination ist ein Teil unsres Daseins; je größer die Objekte sind, desto größer wird sich der Abstand zwischen ihnen und unserm Vermögen zeigen. Nur höchst poetische Naturen werden in Italien ihre Erwartungen befriedigt fühlen. Was wir uns beiläufig vorzustellen *fähig* waren, wird auch der Erwartung entsprechen; was uns bilden, umändern, sich gewachsen machen muss, — nicht. Ideale sind reizend, aber schwächlich, — das Reale ist herb, aber nachhaltig.

Trefflicher, deutscher Ausdruck: „dass Einem das Herz im Leibe lacht!" Wer empfindet nicht so was, vom gemeinen Lachen über das Komische ganz Verschiedenes, beim Anschauen wahrer Anmut und Schönheit?

Dunkle Vorstellungen sind oft in der Wirkung stärker als helle; z. B. das spontane sich Aufwecken aus dem Schlafe, wenn man sich's vorgenommen, die Leidenschaft [232] usw. Der Mensch aber, in welchem die klaren stärker wirken, ist der vorzüglichere. In ihm überwiegt das Bewusstsein die Empfindung, der Geist den Trieb.

„Was wir — rief neulich selbst Julius aus — für ein Geschlecht sind! Wie wir, Jeder mit seinem Teile elend, verstümmelt, verletzt, keiner an Leib und Seele *vollständig*, herumschleichen, durch's unbegriffne Leben hinken!"

Je mehr Analysen einer Synthese zu Grunde liegen, je mehr Kontraste in eine Einheit subsumiert werden, desto höher ist diese. So steht organisch das Tier über dem Fossil, — so der gebildete, *durch Kämpfe jeder Art geschulte* Mensch über dem gewöhnlichen.

Ein nur in Deutschland vorfindiges (wohl hier erfundenes) Charakterbild: Der pedantische Phantast, oder phantastische Pedant. Z. B. Viele von Jenen, die sich mit Ur-Mythologemen, mit philosophisch-poetischer Humoristik u. dgl. was wissen. Denn nur uns Deutschen ist die Kunst eigen: Exzentrisch und borniert zugleich zu sein.

Wer die Bestandteile dessen, was man die große Welt nennt, im *Einzelnen* kennt, wird sich gewiss, wenn sie ihm nicht völlig gleichgültig wird, ohne Gene in ihr bewegen! Wenn Einmal die Mathematik Unrecht hat, so hat sie's hier, — wo so ungleiche Größen, addiert, eine [233] Summe, — ja so viele Nullen ein Ganzes, ein imponierendes Ganzes, geben!

Die Jugend überhebt sich in dem Gefühle, alles leicht nehmen zu können, — auch das Leben. Sie spielt mit Zündstoffen. Mit den Jahren wächst die Wichtigkeit der Dinge, — über die man sich hinaus setzt, weil man sie nicht begreift. Für den Jüngling gibt es keine Rätsel, — dem Manne begegnen sie auf jedem Schritte.

Wie ich hier in meiner Laube sitze, und die Blätter dieses Tagebuchs, wie die abgefall'nen vom Baume meines Lebens, vor mir vorüberrauschen, überfällt mich eine eigene, halb traurige, halb — soll ich sagen „schadenfrohe" (wie Lukrezens *suave mari magno* etc.)? — Empfindung: Zuzusehen, wie die Andern, auch die Guten sich abmühen und in allen Fernen quälen. Nur zu! Ihr müsst Euch verlieren, um Euch zu finden.

Unsre Persönlichkeit, dies unbegreifliche Kind der Einheit und Allheit, das keine reine Aktion ist, weil wir sonst willkürlich leben oder sterben könnten, keine reine Passion, weil wir sonst keine Erinnerung hätten, — dieses Ich, welches an einem Faden hängt, den ein höheres Ich herablässt, — dieses sich ewig Verwandelnde und ewig Beharrende, — es ist offenbar die Quelle meiner Seligkeit, wie es den Grund meiner Leiden enthält. Ich habe die mir zugemessene Spanne Zeit redlich dazu verwendet, meine Sphäre zu behaupten, dem All etwas für sie abzuringen, und was bleibt [234] nun, als die Zuversicht, mit dem letzten Ringen auch jene schweren Fesseln abzuschütteln, die nur die feige, erbärmliche Selbstsucht ewig zu tragen wünschen kann?

Und welche Freiheit, Julius, willst Du, als die Deiner göttlichen Natur? Ist nicht Dein Wille ein Strahl des ewigen? Als Teil bist Du frei; was willst Du mehr? Ein Ganzes sein? So verlierst Du Dich selbst. Sei, was Du bist! Das ist Alles: Du ergibst Dich dann mit Freiheit dem Ganzen, — und das ist Liebe; Liebe nur befreit, und Gottes Liebe bestätigt die Persönlichkeit des Einzelnen, der nur in Ihm lebt und webt.

Wie? Die Überzeugung von der ewigen Notwendigkeit mache uns müßig? Du fühlst mit heiterem Bewusstsein, dass Du nicht nach wandelbaren

Absichten, sondern nach ewigen Gesetzen handelst, — und möchtest Du müßig sein? Denke beruhigt: Dass es sei nun mit Dir so oder so gewesen, nichts umsonst gewesen ist, dass Dein Dasein in der unendlichen Kette seine Stelle eingenommen, Dein Zweig seine bestimmte Frucht, wenn auch ohne Blüte, getragen hat! Und vollends, Julius, in Fällen, wo der Mensch am Rande des um ihn gezogenen Kreises steht, wo ihm kein Andrer helfen kann, ja wo Niemand seine innern Kämpfe sieht, und die schmerzlichste Frage seiner Seele vernimmt, — was schirmt ihn da vor der geistigen Vernichtung, was hält an seiner Seite aus, deckt ihn liebevoll mit heiliger, wohltätiger Dunkelheit, und reicht ihm den kühlen, den letzten, Labetrank, — als Du, ehrwürdiger Glaube, der Du, wenn nicht Frieden, doch Ruhe gibst? An dem Saume des Gewandes der Ewigkeit, wenn es, im Vor-[235]überschweben den lechzenden Mund des Elenden berührt, der sich, verschmachtend, im Wüstensand des Lebens krümmt, fühlt er sich erquickt, und lächelt noch einmal, ehe er schwindet. Er hat sein Tagewerk getan, — noch im Fallen zu kämpfen, war seine Losung, zu der auch wir uns bekennen; wir, die wir, welche Zeiten und Räume uns auch trennen, eine stille, unvergängliche Gemeinde bilden. Wohin auch das Schicksal diese Blätter zerstreue, sie werden in jeder Ferne Seelen finden, die unseres Glaubens sind, oder eine Erde, ihn anzubauen; sie werden ihren Zweck erfüllen: *Zur Betrachtung, — und was viel höher und wichtiger ist, — zur Tätigkeit anzuregen*!

www.ingramcontent.com/pod-product-compliance
Lightning Source LLC
Chambersburg PA
CBHW070431180526
45158CB00017B/964